无师也自通

学习有方法

南怀瑾 讲述

南怀瑾文教基金会 编

东方出版社
The Oriental Press

图书在版编目（CIP）数据

平安就是福：南怀瑾人生日课．无师也自通：学习有方法 / 南怀瑾讲述．— 北京：东方出版社，2024.1
ISBN 978-7-5207-3433-2

Ⅰ．①平… Ⅱ．①南… Ⅲ．①南怀瑾（1918—2012）－人生哲学－通俗读物 Ⅳ．① B821-49

中国国家版本馆 CIP 数据核字 (2023) 第 177091 号

平安就是福：南怀瑾人生日课
无师也自通：学习有方法

南怀瑾　讲述

责任编辑：	刘天骥　张莉娟
责任审校：	曾庆全
装帧设计：	陈韵佳
出　　版：	东方出版社
发　　行：	人民东方出版传媒有限公司
地　　址：	北京市东城区朝阳门内大街 166 号
邮　　编：	100010
印　　刷：	北京启航东方印刷有限公司
版　　次：	2024 年 1 月第 1 版
印　　次：	2024 年 1 月第 2 次印刷
开　　本：	787 毫米 ×1092 毫米　1/32
印　　张：	18.5
字　　数：	100 千字
书　　号：	ISBN 978-7-5207-3433-2
定　　价：	138.00 元（全四册）
发行电话：	(010) 85924663　85924644　85924641

版权所有，违者必究
如有印装质量问题，我社负责调换，请拨打电话：(010)85924602　85924603

目 录

无师也自通：
学习有方法

学问

第1则　　　　　　01
无师自通

第2则　　　　　　02
求其放心

第3则　　　　　　04
知识越渊博
学问越浅薄

第4则　　　　　　06
明心见性

第5则　　　　　　07
无

第6则　　　　　　08
读万卷书
行万里路
交万个友

第7则　　　　　　09
洒扫应对

第8则　　　　　　11
记问之学
不足以为人师

第9则　　　　　　12
绝学无忧

第10则　　　　　　14
为学日益
为道日损

第11则　　　　　　15
入乎其内
出乎其外

第12则　　　　　　17
世事洞明皆学问
人情练达即文章

第13则　　　　　　18
悟道的两条路线

第14则　　　　　　19
道不欲杂

第15则　　　　　　20
自得

第16则　　　　　　21
一门深入

第17则　　　　　　24
以经注经

第18则　　　　　　25
消化

第 19 则 **读原典**	26	第 31 则 **不问收获** **只问耕耘**	41
第 20 则 **空虚的安定**	27	第 32 则 **博学 审问** **慎思 明辨**	42
第 21 则 **好书不厌百回读**	28	第 33 则 **性向教育**	43
第 22 则 **文字郑重说** **世人不熟思**	29	第 34 则 **知子莫若父**	44
第 23 则 **至诚**	30	第 35 则 **不发疯** **就不会成功**	46
第 24 则 **老实**	31	第 36 则 **背诵**	47
第 25 则 **学笨**	33	第 37 则 **善知识**	48
第 26 则 **以正为奇**	34	第 38 则 **读经**	50
第 27 则 **先求渊博** **后求专精**	36	第 39 则 **法器**	52
第 28 则 **启发式教育**	38	第 40 则 **"读书"**	53
第 29 则 **博而后约**	39	第 41 则 **读古文 背经史** **作文章 讲义理**	54
第 30 则 **通才越来越少** **专才越来越多**	40	第 42 则 **根本智** **差别智**	57

第 43 则 生活教育	59	第 55 则 小人儒 君子儒	75
第 44 则 读经与现代教育结合	60	第 56 则 自艰苦中站起来	76
第 45 则 人格的建立	61	第 57 则 犹住见常	77
第 46 则 中国文化宝库的钥匙	62	第 58 则 经史合参	78
第 47 则 中国文字	65	第 59 则 刚日读经 柔日读史	79
第 48 则 《幼学琼林》	66	第 60 则 文史哲政一体	82
第 49 则 《千字文》	67	第 61 则 精神的天地	83
第 50 则 《纲鉴易知录》	68	第 62 则 功课可以马虎 小说不能不看	84
第 51 则 《说文解字》 《康熙字典》	69	第 63 则 小说看多了 会通晓人情世故	85
第 52 则 学而时习之	70	第 64 则 全才与全德	88
第 53 则 学问	72	第 65 则 才、德、学	89
第 54 则 "围起来打"	73	第 66 则 有了思想还要力学	90

第 67 则 好学不倦	91	第 79 则 玩索而有得	105
第 68 则 年少得志未必果	92	第 80 则 看书不低头	106
第 69 则 每日求进步	93	第 81 则 恭敬书本	107
第 70 则 博古通今	94	第 82 则 书来看我 我不去看它	108
第 71 则 东西方文化的 交流与融会	96	第 83 则 复归其明	110
第 72 则 温故而知新	97	第 84 则 跳舞与背书	111
第 73 则 认清方向 把稳船舵	98	第 85 则 读书学会 换脑筋	112
第 74 则 加上时间 就有办法	99	第 86 则 读史的一个 简单办法	113
第 75 则 十分钟的效用	100	第 87 则 学与思	115
第 76 则 进道若退	101	第 88 则 多做"鄙事"	116
第 77 则 读书要入"藏"	103	第 89 则 君子不器	117
第 78 则 读不懂怎么办	104		

无师自通

教化最高的道理,是引发人性中本自具有的智慧,"无师自通",并不是有个东西灌注进去使你明白。这种启发式的教育,活活泼泼的,如孟子所描写的"跃如也",因此可以不偏不倚,"中道而立"。如果老师呆板地告诉学生,填鸭式地教育,那就钉在一个死角,钻到牛角尖里去,就不是"中道而立"了。

——《孟子旁通》(中·尽心篇)

求其放心

学问没有别的,"求其放心而已矣"。每天知道修行,找回自己的心,放在平旦之气中,此心永远清明,养成永远高洁的气质,这是中国学问的精华,也就是孟子所说的"学问之道"的精华。

——《孟子旁通》(下·告子篇)

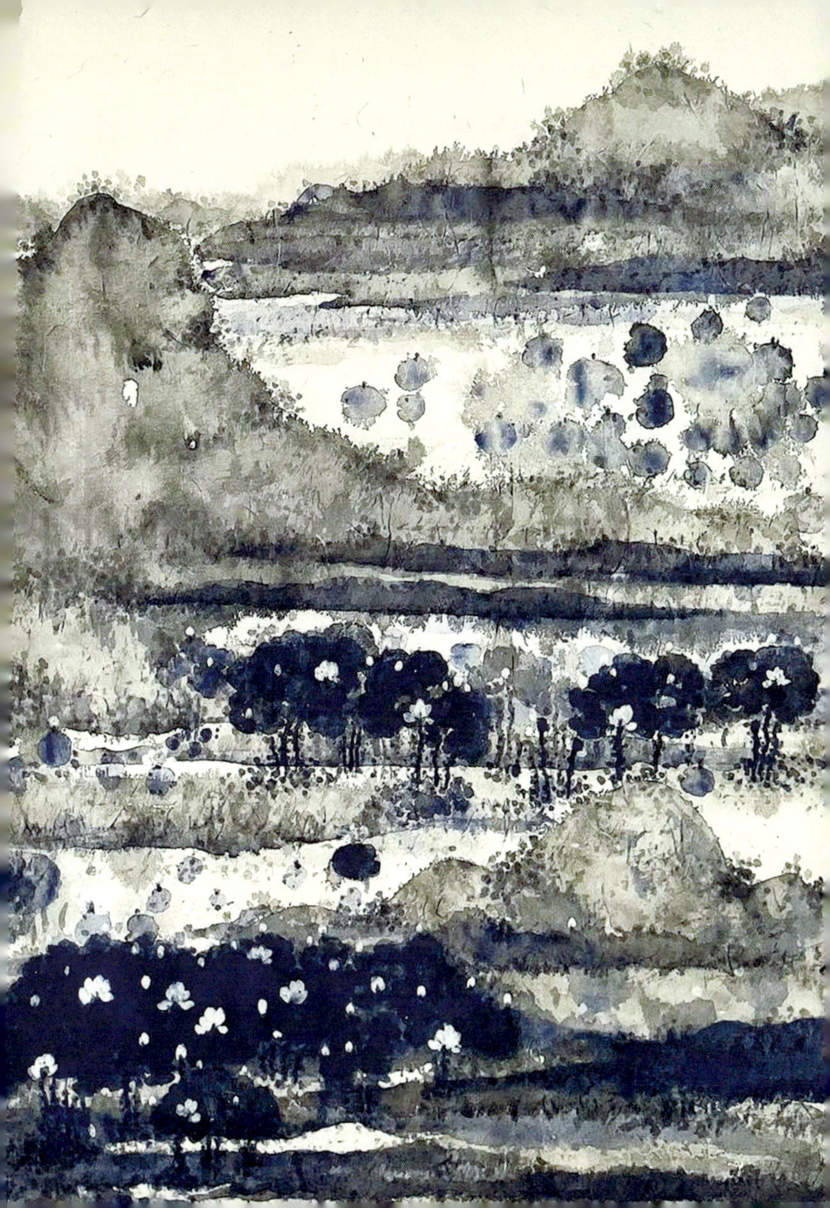

知识越渊博
学问越浅薄

现在的人搞得书不背了,因为印刷发达,打字、计算机,不用脑筋了,都信托这纸、笔,把思想文化都记下,打字存起来,以为自己懂了,其实都没有仔细、重复地看,自己第二遍、第三遍都不会去看,所以人的学问差了。但是学问差了,记忆力有,不肯用,可是思想发达了。所谓思想发达是好听的名称,实际上是脑筋复杂了,因为知识愈来愈渊博,脑筋复杂,复杂了以后,愈来愈浅薄,很浅薄的东西,以为自己全通了,这就是人类文化一种没落的趋势……

我今年八十多岁了,像我读书,从小还是老规矩背来的,所以你们讲我记忆力好,书记得那么多,没有什么巧妙,就是肯背。所以上课可以不带本子,大概就可以背出来了,平时脑子没有,但讲到某一点,一刺激就出来了,这是背诵来的,看起来学问很好,其实是骗人的,这些实际上是靠背诵。

——《南怀瑾先生关于经典诵读的漫谈》

明心见性

什么是明心见性?像上午刚有人问起,什么是佛?我告诉他,佛只是一个代号,实际上就是人性的本源。儒家讲善与恶,是人性作用的两个现象。作用不是善就是恶,不是好的就是坏的。那个能使你善,能使你恶的,不属于善、恶范围中的东西,如果我们找到了,就是它,佛家叫作佛,道家叫作道,儒家叫作仁。用什么方法去找?儒、释、道三家都是从所谓打坐着手,在静中慢慢体认,回转来找自己本性的那个东西,就叫作"一"。

——《论语别裁》

无 ◀005

老子说:"为学日益,为道日损,损之又损,以至于无为。"什么是学?普通的知识,一天天累积起来,每天知识累积增加起来就是学。为道呢?是损,要丢掉,到最后连丢掉都要丢掉,到了空灵自在的境界。这还不够,连空灵自在都要丢掉。最后到了无,真正人性的本源就自然发现了。

——《论语别裁》

读万卷书
行万里路
交万个友

　　从我们的经验，知道读万卷书，行万里路，就是要增加人生的经验，其实这还是不够的，必须加一句交万个友，还要交一万个朋友，各色人等都接触了，这样学问就差不多了。由学问中再超脱、升华，可以达到本源自性的地步了。

——《论语别裁》

洒扫应对

◀ 007

我们现在教育，儿童开始读书是一件事，真正儿童教育，根据中国传统文化，小孩子在六岁至八岁之间入小学，学的是"洒扫应对"，怎么扫地、抹桌子，怎么与老师、大人、朋友讲话的礼貌态度、规矩，这个最重要。古代讲入小学开始学洒扫应对，是学做人的基础，教育的目的是做人。人做好了以后，一个人从小学会做人处世，你不要看扫地抹桌子端碗，都是一种生活的教育，生活教育会了，以后长大去做事自然会了。基本的教育没有学好，而专门去读书，那个是学知识，把知识学会，而做人的基础没有，这个教育是失败的。

——《南怀瑾先生关于经典诵读的漫谈》

无师也自通

记问之学
不足以为人师

　　《礼记》中的《学记》篇提道:"记问之学不足以为人师。"文章典故知识尽管渊博,没有真正自己悟道的见解,还不够格做人师。这里维摩居士说,迦游延还没有悟到实相般若,也就是最高智慧。实相就是无相,所以般若无知,如果还有一个智慧境界存在,就不算。比方真正最高学问的人,常觉得自己没有学问,乃至到了文字一字不识之境,没有了文字相。

——《维摩诘的花雨满天》

绝学无忧 ◀009

　　修道成功，到达最高境界，任何名相、任何疑难都解决了、看透了，"绝学无忧"，无忧无虑，没有什么牵挂。这种心情，一般人很难感觉得到。尤其我们这一些喜欢寻章摘句、舞文弄墨的人，看到老子这一句话，也算是吃了一服药。爱看书、爱写作，常常搞到三更半夜，弄得自己头昏脑涨，才想到老子真高明，要我们"绝学"，丢开书本，不要钻牛角尖，那的确很痛快。可是一认为自己是知识分子，这就难了，"绝学"做不到，"无忧"更免谈。"读历史而落泪，替古人担忧"，有时看到历史上许多事情，硬是会生气，硬是伤心落下泪来，这是读书人的痛苦毛病。其实，"绝学无忧"真做到了，反能以一种清明客观的态度，深刻独到的见解，服务社会，利益社会。

——《老子他说（初续合集）》

为学日益
为道日损

◀ 010

　　人生在世能够学问成就，或修道成就，就要有两种能力："提得起"是做学问要"为学日益"；"放得下"是修道要"为道日损"，一切放下。但是普通一个人，能够具备这两种能力，两种智慧，两种勇气，所谓智勇双全，就太难了。普通的人，叫他做学问，才用功读了一个礼拜的书，便觉得很累，就停下来去玩了，为学不能日益。去修道做工夫的话，放不下，刚打坐几天，又觉得一天到晚坐着，淡而无味，浪费时间，也要跑出去玩玩，所以"为道日损"也做不到。因此，一般人多半都在为学未益、为道未损的情况下，提也提不起，放也放不下，就那样过了一生。

——《老子他说（初续合集）》

入乎其内
出乎其外

◀011

　　学问到了极点，道理都明白了，要能"入乎其内，出乎其外"。进得去跳得出来，然后把自己脑子中一切书本丢开了，成为白纸一张，到这个境界时，可以养生了，可以谈道了，可以学禅了。

　　　　　　　　　　　　——《庄子諵譁》

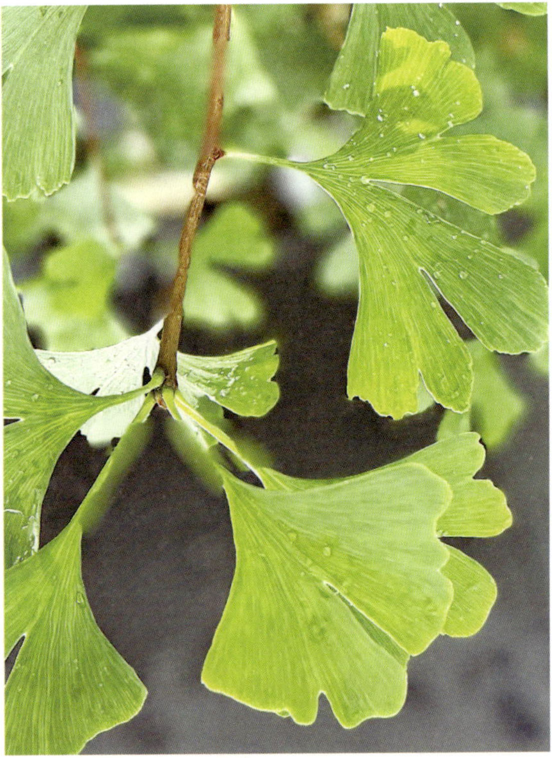

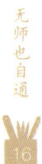

世事洞明皆学问
人情练达即文章

《红楼梦》的主角贾宝玉,这个活宝,不大肯读书,他的父亲在他书房里挂了一副对子:"世事洞明皆学问,人情练达即文章。"实际上这两句话,一个人一辈子的修养如果能够做到的话,就是非常成功了。世事都很洞明,都看得很透彻,这是真学问;练达就是锻炼过,经验很多,所以对于人情世故很通达,这是大文章……真洞明,真练达了,就会由极高明而到达平凡。

——《庄子諵譁》

悟道的两条路线 ◀013

人类的知识不算学问,我们有个大学问,就是无所不知的那个道体,也就是我们生命的根源。自己活了一辈子,连生命的根源都不知道,白做了一个人,所以很可怜。庄子的观念是,认识了自己生命的本源,才算是真人……

但是这个道要如何得呢?有两个路线,一个是抛弃了自己的小聪明,而求那个真正无知之知的大道;另一个路线,把世间的学问知识参透到了极点,最后归到"一无所知而无所不知",也就得道了。

——《庄子諵譁》

道不欲杂

◀014

"夫道不欲杂",孔子这里说的道,不是修道的道,也可算是另一个原则的道;人生的大原则大道理,都是同样不能杂,要专一。这句话很重要,你们修道打坐,想证果位,要一门深入,方法不要学多了。方法多了,你没有智慧不能融会贯通,结果一样都无成。做人做事这个道,这个法则之道也是一样。"杂则多",道杂了思想就多了;"多则扰",思想多了就困扰自己;"扰则忧",困扰自己就烦恼忧虑;"忧而不救",人有烦恼忧虑在心中,救自己都救不了,还能救人家吗?还能够救天下国家吗?

——《庄子諵譁》

自得

过去圣人的言教,都是要我们能够求其自得,这也是从"赤子之心"来的。学问的修养、道的修养,都是这个原则,要"自得"。而学问以外的培养,则要学识。严格说来,学问就是道,而其他各方面的知识、写文章等,那只是学识。

——《孟子旁通》(下·离娄篇)

一门深入

我小时喜欢作诗,我父亲就给我一本书,要我背里面的诗。我一读很欢喜,父亲说,这是附近一间庙子的和尚作的。那位师父是打鱼出身,一个大字不识。他不知什么因缘忽然出家了,经也不会读,就整天拜佛。那庙子地面是石块铺的,他拜了九年,石块都拜出印坑来了。后来他又忽然不拜佛,去睡觉了,一睡睡了三年,中间有时连睡几个月动都不动。他师弟在他屁股上放碗水,第二天再看都没翻掉,还以为他死了,好在他师父知道他是入定去了。三年以后,他作文章作诗都会。这是我亲身见到的,说明你拜佛或用什么法都好,只要诚恳,专心一致,系心一缘,制心一处,无事不办。你搞净土,又参禅又学密,到处找能让自己快一点成就的法门,好像在买股票一样，是一无所成的。一门深入的话，诚恳拜佛也会悟道的。佛法其实很简单，制心一处，无事不办，专一就成功了，不要念"多心经"啊！

——《维摩诘的花雨满天》

十八罗汉

为世所珍

至诚供养

福慧双臻

丙戌仲春

何碧媚绘

八九老汉

南怀瑾题

以经注经

◀ 017

我向来主张，读古书不要一味迷信古人的注解。读秦汉以上的书，不可以看秦汉以后人的注解，要自己以经注经，就是读任何一本经书，把它熟读一百遍，乃至一千遍。熟了以后，它本身的注解就可以体会出来了。如跟着古人的注解，他错了，自己也跟着他错，这后果可不得了。须知古人也是人，我们也是人，古时有圣人，现在也可以有圣人，为什么不立大丈夫的志向呢？

——《孟子旁通》（下·离娄篇）

消化

我们做学问的办法，最好以经注经，以他本身的学说，或者本人的思想来注解经典，是比较可靠的事。然后，把古人的学说消化以后，再吐出来，就是你自己的学问。

有些人做学问，对古人的东西没有吃进去，即使吃进去，也消化不了，然后东拉西扯，拼凑一番，这方法是不能采用的。我们要真的吃下去，经过一番消化，再吐出来，才是真学问。正如雪峰禅师所谓："语语从胸襟中流出，盖天盖地。"

——《论语别裁》

读原典

现在研究佛学最好的办法,近百年来的著作最好不看,包括我的在内。不是说这些完全不对,而是最好读原经。这不只是研究佛学,做其他学问也应该读原典。读了原典熟了之后可以"以经注经",会融会贯通。

——《维摩诘的花雨满天》

空虚的安定

　　我们这二三十年真正的安定,如果研究历史,这样的安定前所未有,但是这个安定是非常空虚的,真的很空虚,没有根基的。因此我发现社会上各行各业的人有个通病,问到前途都很茫然,没有方向,一切都不敢信赖,因为知识太渊博了,所见所闻太多。我们这一代啊,像你们诸位这个年龄,我拿六十岁来计算,受这个时代的文化教育影响,没有真正的学问中心,可是知识又非常渊博,各方面都知道,都很清楚,也很茫然,整个的茫然。

——《廿一世纪初的前言后语》

好书不厌百回读

◀ 021

我们研究《维摩诘经》,要再三反复地复习,像古书这些经典,看一次二次三次就认为自己看过了,那等于完全没有看。古文的经典为什么要背?"好书不厌百回读"是古人的读书方法,同一本书每一次读起来的理解都不同。现代人读书多,知识是渊博了,可是学问越来越差,因为没有深入,"好书不厌百回读"的精神没有了,一本书以为看过就好了,读两三遍就觉得浪费了。

——《维摩诘的花雨满天》

文字郑重说
世人不熟思

"文字郑重说,世人不熟思",古今以来仙佛留下来的经典,修仙修道的法则都有了,只是一般人读书自作聪明,以为自己懂了,只是文字懂了而已,没有好好熟思。所以我们说读道书佛经要万读不厌,据我的经验,每次读每次理解不同。古人有一句话,"好书不厌百回读",就是这个道理。

——《我说参同契》

至诚

《中庸》里说"至诚之道,可以前知"……你们要想求佛成道,或者做学问,只有诚信一条路线,我看只有愚夫愚妇可以成功……我常常告诉你们,拜佛就拜佛,规规矩矩这一拜就成功了。我做什么都很笨的,从小父母老师们告诉我,读书要背,我到现在还是背,绝不用聪明。不懂的就老老实实说不懂,不轻易自己下注解。假使我告诉你走这个圆圈,你们在我看不见时,一定是转过去抄近路,马上测验出来一个诚字。

——《列子臆说》

老实

你看社会上很多成功的人都是很笨的,所以老实跟笨是两兄弟,分不开的,老实就是笨,聪明就是滑头,绝对分不开。你说这个人很有才具,很能干,我也知道他很能干,但是我下面就注意他滑头不滑头。很多聪明人,我私下观察他,很滑头,不能用了。如果聪明而不耍滑头,做事情老老实实,讲话也老老实实,不吹,他一定会成功的。

——《列子臆说》

无师也自通

学笨

有人问,现在年轻人用什么办法最有前途?我说学笨啊!因为这个时代,这个世界,你要耍花样、玩本事,一个比一个聪明,谁都会,将来成功的一定是一个老实的人……所以学道的人啊,以愚夫愚妇之诚,接近成功了。

——《列子臆说》

以正为奇

◀ 026

我常告诉年轻人，不要玩弄自己的聪明，不要用手段，不要动歪脑筋。这一百年来，也可说近八十年来，世界的变化，国家的变化，社会的变化，训练得每一个青年的脑子都很厉害，各个人的本事都很大，人人都是诸葛亮。当然只是半个诸葛亮，只"亮"了一半，就是坏的那一半很"亮"。

所以，在这个时代，以聪明对聪明，办法对办法，手段对手段，是必然招致失败的。在未来的时代，只有不用聪明的聪明，不用办法的办法，不玩手段的手段，诚恳、老实，才会获致真正的成功。因此，应该"以正为奇"，走正道；不过在某一时间，某一社会，某一环境，尤其在一种非常愚笨的时期或社会中，是需要用一点智慧的,那是真正的"奇",其实那也是正道。

——《老子他说(初续合集)》

先求渊博
后求专精

渊博的人，常是样样都懂，门门不通。所以先求渊博，后要求专精。要渊博而专精，并且还要约束自己，做人处世在在合礼……

"博学于文，约之以礼"，一切渊博以后，选定一点；这也是现在专家教育的精神，先求渊博，以后再求专一。做人的道理，也是一样，一切通透了，然后选择人生专一的道路，这样大概差不多，不至于离经叛道了。

——《论语别裁》

学习有方法

启发式教育

人的修养,是要恢复到"赤子之心"的境界,要怎样才能达到呢?不能以填鸭式的教育硬塞,要以启发式的教育使其自得,这和后世禅宗的教育相同。我们知道,禅宗祖师的教育方法、所走的路线都是这样,也就是"深造之以道",才能达到"道"的境界。

什么是道的境界?就是恢复到"赤子之心"的境界,也就是由后天修养回复到先天的境界。

——《孟子旁通》(下·离娄篇)

博而后约

◀ 029

　　我们中国文化,在古代讲到学问是两条路,孔子在《论语》里说"博而后约",先求渊博的知识,那是打基础,最后是深入一门,所以专家就是深入一门。但是像现在的所谓专家,不一定博,因为其他的多半不懂。其他不懂很严重,要博而后约,先要普遍的各方面都懂,这个是博,是通才,为政的人就是要通才。我在别的书中也讲过,我说现在几十年下来,证明无学问的人当家做主,比知识分子专家、比资本主义问题更多。我说将来专家专政,人类惨了,因为他只懂一科,难免有所偏颇。所以政治是要通才,"博而后约",不是通才不行。不过,专家当政现象在数十年的历史经历中已充分显现,事实胜于雄辩,不容置疑。

——《列子臆说》

通才越来越少
专才越来越多

现代教育造就出来的人才，通才越来越少，专才越来越多。专才固然不错，但是一般人意识都落在框框条条款款之中，很难跳脱。再看未来时势的演变，是趋向专才专政，彼此各执己见，沟通大大不易，因此处处事事都是障碍丛生，这都是更加严重的问题。

能够明道而又通达的人士，愈来愈少，社会也愈将演变得僵化。在这些问题还未表面化的时候，这个道理，大家不会有深刻的了解，我在这里先作预言（编者按：讲此课是一九七六——一九七七年之间），在今后的五十年到一百年之间，全世界即将遭遇到这种痛苦。

——《孟子旁通》（中·尽心篇）

不问收获
只问耕耘

◀ 031

"人一能之,己百之。人十能之,己千之。果能此道,虽愚必明,虽柔必强。"别人一下就会,不必羡慕,不要气馁,你就准备用百倍的努力去完成。别人因十分的努力才能成功,你就准备千倍的努力去完成。总之,只要以"不问收获,只问耕耘"的精神去"笃行",虽然是最愚笨的,最后必然会明白。虽然是最优柔寡断的,最后必然会坚强刚毅起来。

——《话说中庸》

博学 审问
慎思 明辨

现在的文章都是短命的文章，尤其报纸上的文章，五分钟寿命，看完就完了，且错的东西很多。现在人读书没有好好做到儒家所讲"博学之，审问之，慎思之，明辨之"。"博学之"等于现在说搜集资料，什么都有了；"审问之"，要仔细慎重研究；"慎思之"，还要很谨慎思考、研究；"明辨之"，哪样是对的，哪个是不对的，这是儒家做学问四大程序，说得很清楚。据我发现，现在教育是普及了，但是学问越来越没有，乃至读到研究所，脑袋都是空的。中国也好，外国回来的也好，多数没有用。我现在老了，也许我们这个像海一样的代沟太深了。

——《我说参同契》

性向教育

人的性质虽有相近之处,但发展方向各有不同。在教育上就看得到,现在大学联招分组的办法,问题实在很大,有的人根本不知道每一科系的真正内容,考试之前对自己的性向也不清楚,结果考取被分发之后,才发觉自己并不适宜这个科系。这就是糟蹋人才。现在的所谓性向,不是性相。"性相近,习相远。"人的性质相近,但是各人兴趣不同,习惯也不同。譬如说一个人的个性,硬是不喜欢这一套,可是硬把他拉到这一门工作上,慢慢习惯了,就与原来个性的兴趣越来越远。

——《论语别裁》

知子莫若父

我认为古今中外的教育，大部分都犯一个错误，父母往往把自己一生做不到的愿望，下意识地寄托在孩子身上，可是却忘记了自己子女的性向与本质。做父母的应当思考，如何正确地培养与辅导孩子，让他们成人立业。如果只是一味地要求读书、考试、上进，希望出人头地，是极大的错误观念。这样爱孩子，其实只会害了他们。

我简单明了告诉大家，《大学》上说"人莫知其子之恶，莫知其苗之硕"，父母对儿女有偏爱，所以只看到他的优点，而不晓得他的缺点。我们做父母的，要注意这两句古圣先贤的告诫。但是古人有另一面的说法，叫作"知子莫若父"，指出很重要的教育重点，是父母需要懂得自己子女的禀赋性向，因为老师和别人不见得真正全盘了解每一个学生。现在父母对孩子们的教育，只是过分宠爱关心，反而对子女的禀赋性向都没有深切关注。

我个人的经验，看了古今中外，全人类几乎都一样，都会犯这个错误，不过外国人好一点，中国现在这一代太过分了。"知子莫若父"，实际上，对儿女的禀赋性向，做父母的不一定看得清楚，因为有偏见，有偏爱。

——《廿一世纪初的前言后语》

不发疯
就不会成功

要想学问有成就,一定要钻进去,像发了疯一样,然后跳出来,这就成功了。不到发疯的程度就没有成功的希望。搞通才的,样样搞又样样搞不好,就犯了太聪明的毛病。

——《论语别裁》

背诵

人类原始的教育方法,只有一个,就是背诵。尤其是读中国书,更要高声朗读。高声朗诵,有什么道理呢?这个含义很多,朗读多了,自然懂得言语与文字的音韵学。换句话说,也懂得文字和语言之间拼音的学问。不管中文、外文,高声朗诵,慢慢悟进去,等长大了,音韵学懂了以后,将来的学问就广博了。假使学外文,不管英文、法文、德文,统统会悟到音韵的拼法,一学就会。

——《南怀瑾先生关于"中西方文化导读活动"的讲话》

善知识

◀ 037

什么是善知识？善知识很难办，善知识就有脾气，奉劝各位学佛尽管学，千万不要去找善知识，否则遭遇很惨，不小心一条腿就去掉了。佛法不一定在口头上，而是在行为上，他在行为上折磨你。禅宗祖师的嬉笑怒骂，那是他的教育法，有时整得让你真受不了。道理是什么呢？他告诉你，道在你自己那一边，不在佛那里，也不在善知识这里。善知识只是想办法把你所有的妄念都打断了，都憋住了，憋到你开悟为止。

——《圆觉经略说》

学习有方法

读经

至于背书的理论基础,这就牵涉到修养的科学,以现在来讲,牵涉到脑的科学。背书非专一、安定不能背起来。小孩子背东西是不痛苦,是很快乐的。因为专一唱歌、专一背书,脑筋就更宁定,思想行为都要变的。这个就要讲到脑波的问题,譬如大家讲修养、修道,打坐就是使脑神经专一思维,专一思维,就宁定,使身体生理机能改变,健康起来。脑子变健康,那么思想行为也变健康了。背书有很多很多好处的,现在一般医学,尤其脑科医学,还没有作详细研究。关于脑科医学这点,我也不是专家,只是大概提一下,背诵的作用,可增加一个人的智力、记忆力、思考能力,使头脑就更细腻、更精详。

我们现在提倡儿童智慧的开发,习惯也叫读

经，就是那么一种古老的方法，那么简单一条路线。这个工作每个家庭都可以开始，拿本古书就可以背。

——《南怀瑾先生关于"中西方文化导读活动"的讲话》

法器

◀ 039

你来求学,在这里的几天,要把自己主观的东西丢得空空的,完全变成空的法器,承受老师教的东西,装满一罐一碗,回去慢慢消化。如果有个主观,就不能变成法器;里头不倒空,你听不进去。如果你坐在那里分析我的话,一边作感想,那是没有用的。听课就是自己没有主观,你的学问再好都要倒光,先听人家的。

——《禅与生命的认知初讲》

"读书"

你研究国学啊，诗文都要朗诵，千万注意！朗诵有个什么好处？你不要管你自己声音好不好听，又不是唱歌，歌是给人家听的。所以古人叫读书，在书房里读书吟诗叫"无病呻吟"。有时候啊，自己看到有感想，吟诵"竟日残莺伴妾啼，开帘只见草萋萋"，是自己对自己的欣赏。你这样一次读书，等于你们现在看书一百次，千万注意！不然你书是看多了，记住没有呢？记不住。这是讲国学嘛，所以古人叫"读书"，读出来，读的方法里头一个默念，一个朗诵，朗诵就是开口念，这叫读书。北方叫"读书"，南方叫"念书"，这样念书，心里、脑子里会记得深刻，心情也很愉快，心理情绪自然得到调节。这是学国学的第一步。

——《漫谈中国文化》

读古文 背经史
作文章 讲义理

　　我们当时旧式读书受教育的方法,是"读古文,背经史,作文章,讲义理",那是一贯的作业。那种"摇头摆尾去心火"的读书姿态,以及朗朗上口的读书声,也正如现在大家默默地看书,死死地记问题,牢牢地背公式一样,都有无比的烦躁,同时也有乐在其中的滋味。不过,以我个人的体验,那种方式的读书,乐在其中的味道,确比现在念书的方式好多了。而且一劳永逸,由儿童时代背诵"经""史"和中国文化等基本的典籍以后,一生取之不尽,用之不竭。当年摇头摆尾装进去,经过咀嚼融化以后,现在只要带上一支粉笔,就可摇头摆尾地上讲堂吐出来。所以现在对于中国文化的基本精要,并不太过外行,更不会有空白之感,这不得不归功于当年的父母师长保守地硬性要我们如此读书。

——《新旧教育的变与惑》

慆慢则不能研精
险躁则不能理性
诸葛亮语

根本智
差别智

佛学对于得道,名为"根本智",明心见性所获得的"赤子之心"就是根本智。但得道以后,并不就是一通百通,也就是说,不是只要打坐一悟了道,什么都会知道——电机工程也懂了,或者制造原子弹也懂了,一切就像制造咸鸭蛋一样制造出来。事实并非如此。

这些人世间的各门各类知识,名为"差别智"。不过得到了根本智,学起差别智来会更快学会,可以说能到达一闻千悟。对同一件事,普通人要听一百句话才能懂的,而有了根本智的人,只要听一句话就全部懂了。如果说连一句话也不听就懂,是不可能的。但在宗教界,往往产生这种错误的观念,尤其学佛学道的年轻人常会有这种幻想,以为打坐悟了道,宇宙间的任何事都会知道。

其实一切仍然是要学的,孟子后来讲的"博学而详说之",就是指差别智而言。

——《孟子旁通》(下·离娄篇)

生活教育

孩子们主要要教他们学会谋生的职业技能，不是读名校，读名校出来又有什么了不得的？那个我们看得多了。生活的教育最好从家庭做起，尤其你们是家长，教孩子更要注重生活的教育。你们不是都读了《大学》吗？自己正心诚意，修身齐家，治国平天下，从本身做起。这是临别赠言，我讲话很直，对不起啊，这是我所看到的现象。

——《廿一世纪初的前言后语》

读经与现代教育结合

最近七八年中间,我带了年轻同学们,拼命推广儿童读书。社会上把我的意思理解错了,说我推广儿童读经,好像提倡复古。但是我提倡的是中、英、算一起上,包括四书五经在内,尤其是唐宋以前的经典,要读诵、会背、默写,还有英文经典,并且要练习珠心算(珠算熟习以后,心里有个算盘作心算就很快)。这是文的教育,还要武的教育,艺术的教育,融合人格养成教育一起来。看上去内容很多,实际的安排很科学,效率很高。这样培养出来的孩子,智慧得到开发,自己会读书,体魄健康,知道怎么做人,会懂得东西方的传统文化,可以开创未来了。

——《南怀瑾讲演录:2004—2006》

人格的建立 ◀ 045

"洒扫、应对、进退"六个字,是古人的教育,包括生活的教育、人格的教育,是中国文化三千年来一贯的传统。如果有外国人问起我们中国文化教育方面,过去的教育宗旨是什么?我们不是教育专家,专家说的理论是他们的,我们讲句老实话,中国过去的教育,主要的是先教人格的教育,也就是生活的教育。美国也讲生活的教育,但美国的生活教育是与职业、与赚钱相配合,而我们过去的生活教育是与人格的建立相配合,不管将来做什么事,人格先要建立。这就是中国文化的教育。

——《论语别裁》

中国文化宝库的钥匙 ◂ 046

中国古人晓得言语一二十年就变动很大,因此把言语变成文字,我们现在叫它是古文,其实不是古文。古人把文字变成个系统,一万年以后读了这个书,跟一万年以前的人交流对话,没有空间、时间的距离,这就是中国文字!

这个伟大的文化宝库,保留了几千年多少中国人的智慧、经验、心血啊!而且古人写书是用毕生的心血写的,留给后人作个参考,非常小心谨慎。哪像现在人随便写书,东拉西扯就是一本书,有一点小心得就吹得不得了,当成真理了……

所以说文字重要!你们学国学第一要注意这个!这是中国文化宝库的钥匙!钥匙找不回来,不要谈宝贝了!对音韵"小学"不通,国学怎么学啊?如果以我的经验劝你们,像我读书的经验,老实讲,我文武的老师很多,但真影响我的没有几个,真影响我的还是《康熙字典》《辞海》,就靠自己尽量地研究。你们读书,要拿出这个精神来研究。

——《漫谈中国文化》

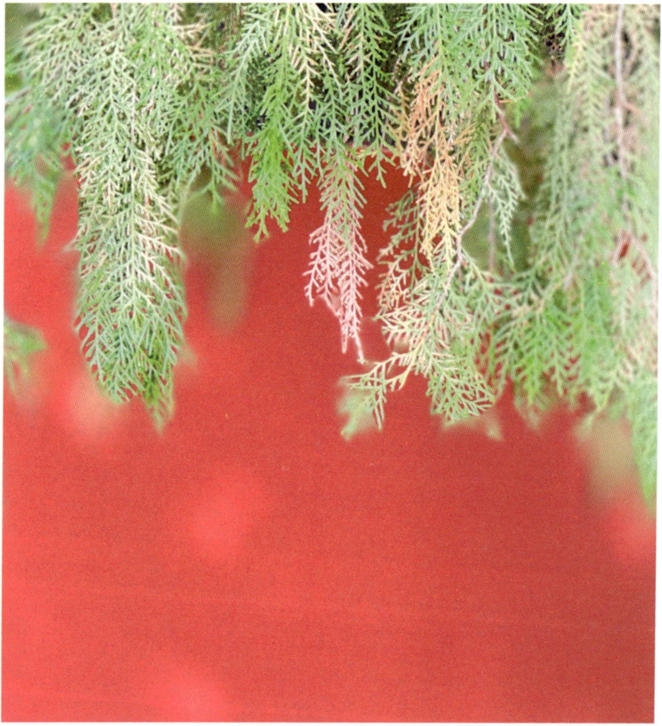

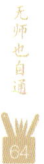

中国文字

我们祖先,晓得人类的语言,三十年一变,如果用白话文把古文记下来,到现在五千年,这个书是没有办法读了!所以把语、文分开,把语言变成一种文字。因此我们五千年的文化,用古文保留下来,只要学两年的工夫,一个孩子学通了中国文字,就是"上下五千年,纵横十万里",这个文化一下就懂了。所以,文字是独立的。

——《南怀瑾讲演录:2004—2006》

《幼学琼林》　　◂048

　　有一本书《幼学琼林》,你们国学院的同学们要特别注意,你把这一本书会背的话,什么天文、地理、政治、军事、经济,你大概会知道了。都是很有韵律的文章,要朗诵,要念出来,要会背,全部都背做不到,就背一些重要段落章句。《幼学琼林》的编者是四川西昌人,这些人都是默默无闻的。古人著书不是希望赚钱,不是希望版权,他希望把自己的心血传留给后面的人。不像现在的人,到处向钱看,看到钱,魂都掉了,读书人人品都没有了。古人不是这样,这些人贡献多大啊!

——《漫谈中国文化》

《千字文》

说到古文,大家说:怎么那么难读?其实不然,我记得我只花了半年时间,已经把它弄懂了,后来学外文也是从这个方法来。当然,我不喜欢外文,喜欢中文啦!只注重中文,特别喜欢!中文只要学一千多个字,最好是读一本《千字文》。

假定现在把《千字文》念懂了,再加上自己多用一些工夫认字,你读古书就很简单了。古书读会了,读中文其他什么政治、经济,那就看小说一样看了。我们当年读书的方法,习惯是这样来的,书是"读"的。所以我主张读书,今天给你们做一个贡献。

——《南怀瑾讲演录:2004—2006》

《纲鉴易知录》

我十二岁一个人在山上庙子里读书,不是读《资治通鉴》,是读《纲鉴易知录》,一年两个月当中已经读了三遍,基础打稳了,所以对历史比较有兴趣也比较注意,而历史与文化是整体的。

我们现在研究历史,你们许多人在大学里也读历史,你问要看哪一个教授写的,我不加意见。有些人看中国经济史、中国教育史、中国文学史……我就笑了,看这些书等于钻牛角尖,没有全盘了解。

——《廿一世纪初的前言后语》

《说文解字》
《康熙字典》

◀051

依我的经验,你们最好买一本《说文解字》来看;再把《康熙字典》开头多看几遍,看每一个字下面是怎么解释的。不过要买古本的《康熙字典》,上面还有篆字的,以后连篆字怎么写法你也知道了。这样一研究下来,你就全懂了,能够把每个字研究清楚就已经差不多了。这是一个捷路,不过捷路也是很难走的啊!因为大家都没有根啊!

——《易经系传别讲》

学而时习之

学问之道,在于造就一个人之所以为人,以及人要如何立身处世的道理。至于知识和文学等等,只是整个学问中的一部分,并非学问的最高目的。立身就是自立,处世就是立人,因此为学的精神,要做到随时随地,在事事物物上体认。洞明世事,练达人情,无一而非学问,遂使道理日渐透彻,兴趣日渐浓厚,由好之者而变为乐之者,才是学而"时"习之到达了"悦"的程度。

——《孔子和他的弟子们》

学习有方法

学问

◀053

　　学问不是文学，文章好是这个人的文学好；知识渊博，是这个人的知识渊博；至于学问，哪怕不认识一个字，也可能有学问——做人好，做事对，绝对的好，绝对的对，这就是学问。

——《论语别裁》

"围起来打"   ◂ 054

禅宗的一种教授法,叫作"围起来打",也就是无门为法门。在学的人本身,八十八结使,随处可以围起来打。脾气大的,把他挑大;贪心重的,就把他挑重。有个大官来见药山禅师,问:佛经上说"黑风飘堕罗刹国土",这是什么意思?这人学问很好,官位也高,问话时也规规矩矩的。老和尚却一副鄙视相,说:凭你,也配问这一句话?这一下真把他给气死了,年纪那么大,地位那么高,规规矩矩问他,老和尚却那么无礼地回答,恨不得打他一巴掌。老和尚这时轻轻地点他:"这就是黑风飘堕罗刹国土。"他悟了,立刻跪下来。

禅宗的教育法就是这么妙,晓得你脾气大,就故意想个办法逗你,等你脾气很大的时候,就来拍马屁了,不要生气了,这就是无明,无明就是你这样。于是这个人悟了,这个时候心是清净的。

——《如何修证佛法》

小人儒
君子儒

◀ 055

　　我们现在来说，什么叫小人儒？书读得很好，文章写得很好，学理也讲得很好。但除了读书以外，把天下国家交给他，就出大问题，这就是所谓书呆子，小人儒。所以处理国家天下大事，不但要才德学三者兼备，还要有真正的社会体验，如果毫无经验，只懂得书本上那一套，拿出来是行不通的；不知道天下事的现实情状就行不通。比如说，这两天美国总统到了中东，他在那里讲些什么？知不知道？如果说报纸上有新闻；报纸上登的，和原有的真话，不知相差多远。根据报纸你就可以评论天下事，这是书呆子之见。君子之儒有什么不同？就是人情练达，深通世故。

——《论语别裁》

自艰苦中站起来

人类的历史中凡是成大功、立大业、做大事的人，都是从艰苦中站起来的。而自艰苦中站出来的人，才懂得世故人情。所以对一个人的成就来说，有时候年轻时多吃一点苦头，多受一点曲折艰难，是件好事。我经常感觉这二十多年在台湾长大的这些青年们，大学毕业了，乃至研究所也毕业了，这二十多年中，从幼稚园一直到研究所，连一步路都不要走。在这么好的环境中长大，学位是拿到了，但因为太幸福了，人就完蛋了，除了能念些书，又能够做些什么呢？人情世故不懂。真正要成大功、立大业、做大事的人，一定要有丰富的人生经验。

——《论语别裁》

犹住见常

假如学者没有书生气，军人没有粗暴气，商人没有铜臭气，这是第一等人。这就是"犹住见常"的道理，自认为学问好，表现出一副很潇洒、很有学问的样子，如此定了型，便是被困，被自己的思想、观念束缚，被自认为得意的事左右。

——《维摩诘的花雨满天》

经史合参

◀ 058

古人对中国历史研究的方法，有一句话叫"经史合参"。什么叫经呢？就是常道，就是永恒不变的大原则，在任何时代，任何地区，这个原则是不会变动的。但不是我们能规定它不准变动，而是它本身必然如此，所以称为"经"。而"史"是记载这个原则之下的时代的变动、社会的变迁。我们要懂得经，必须要懂得史。拿历史每个时代、每个社会来配合。这样研究经史，才有意义。

——《论语别裁》

刚日读经
柔日读史

我素来主张"经史合参",要诸位对经史融会贯通,这样才能学以致用,否则光读经书,一天到晚抱着四书五经,人会变迁的,会变成呆头呆脑的。读经书,还必须配合历史,读历史同样必须配合经书。所以古人有所谓"刚日读经,柔日读史"的说法。年轻人一看这句话,头大了,什么"刚日""柔日"的。其实很简单,所谓"刚日"就是阳日,也就是单日;所谓"柔日"就是阴日,也就是双日。

但是在"刚日读经,柔日读史"这句话里,刚日、柔日的意思不是这么呆板的。所谓刚柔,代表抽象的观念,"刚日"就是指心气刚强的时候,这里看不惯、那里看不惯,满腹牢骚,情绪烦闷。这时候就要翻一下经书,看看陶冶性情的哲理,譬如孟子的养气啰，尽心啰。相反地，如果心绪低沉，打不起精神，万般无奈的时候，那就是柔日，就要翻阅历史，激发自己恢宏的志气。

——《孟子旁通》（中·公孙丑篇）

学习有方法

文史哲政一体

中国人的文化是文哲不分，文化跟哲学不能分开，根本没有单独的哲学，不像西方人单独地分科。中国的文人，文章诗词里头太多的哲学了，文哲不分。同时，文史不分，一个哲学家应该懂历史，历史跟哲学、文学，三位一体，不分家的。再一个，文政不分，一个大政治家，又是哲学家、文学家。这是中国文化的特点。

——《漫谈中国文化》

精神的天地 ◀061

  过去的知识分子，对艺术与文学这方面的修养非常重视。人生如果没有一点文学修养的境界，是很痛苦的。尤其是从事社会工作、政治工作的人，精神上相当寂寞……我发现中年以上，四五十岁的朋友们，有许多心情都很落寞，原因就是精神修养上有所缺乏。

  自己内心没有一点中心修养，除了工作以外就没有人生，很可怜，所以学一种艺术也可以，自己要有自己精神方面的天地，这是很重要的。

——《论语别裁》

功课可以马虎
小说不能不看

我是主张看小说的,而且我认为一个不读小说的人,恐怕也是一个永远不懂人情世故的人。

我们小时候读书,一方面读很古老的古书,一方面也偷偷摸摸读小说。像我们小时候读小说,是摆在抽屉里的,《易经》是摆在桌子上面的。父亲坐在后边,两眼瞪着。我们嘴里念的是"书不尽言,言不尽意",眼睛看的是《红楼梦》呀,《三国演义》呀,等等。读小说的确有好处,我是极力主张看小说的。很多家的小孩不准看小说,我的家里是小说教育,在家里功课可以马虎,小说不能不看。不过孩子还没有成人之前,要看什么小说,要先问我,我看了才告诉他可不可以看。有些小说不是不可以看,是要等你年龄到了才能看。

——《易经系传别讲》

小说看多了
会通晓人情世故

◀ 063

现在的年轻人真可怜！家长们拼命要他们读课本，不许看小说，结果读得一个个呆头呆脑，念到大学、研究所都毕业了，而对于人情世故一点都不懂。

所以我常常鼓励他们看小说，我对自己的孩子也是如此，我不喜欢他们读死书，有时候我带着他们看小说，武侠小说、传奇小说，无论什么小说都看。

不过他们自己找来的小说要告诉我一声，因为有一部分小说，如果还没有到一定年龄，则不必看，看早了，不见得有好处。小说看多了，会懂得做人，也会通晓人情世故。

小说上的那些人，差不多都是假的，而所描写的事情，却往往都是真的，在社会上就真的有那些事情。至于历史上那些人都是真的,但有些事情,你没有经验就无法了解;没有做过大官,就不知道大官的味道,那就只有看小说才能通晓。

——《孟子旁通》(下·离娄篇)

学习有方法

全才与全德 ◀064

　　一个能够成道的人,能够升华的人,或者要在这个世界做一番大事业的人,必须具备两个东西,就是全才与全德。全才已经很难了,再加上全德就更难;有才无德也不行,有德无才也不可以。有德无才可以修道,但不能入世;有才无德入世很危险,不但危险了自己,也危险了世界,所以要才德两全才能入世。

——《庄子諵譁》

才、德、学

古代的贤才，包括了才、德、学三样具备，三者不能缺一。但有才不一定有德，聪明的人才高，但因为他聪明，什么人都见过，也许在言辞、态度上表现得很谦虚，实际上内心看不起人，所以在德的方面就大有缺欠了，品性就差了。有才又有德，才是第一等人，但是还要加上学，如果没有学问还是不行。有才德的人如果没有学问，等于树根缺乏肥料，无从长成巨木。所以古代的贤者，是具备了才、德、学三项德行的。

——《孟子旁通》（下·离娄篇）

有了思想
还要力学

有了思想,还要力学。上面所说,有了学问而没有思想则"罔",没有用处;相反地,有了思想就要学问来培养,如青少年们,天才奔放,但不力学,就像美国有些青少年一样,由吸毒而裸奔,以后还不知道玩出什么花样。所以思想没有学问去培养,则"殆",危险。

——《论语别裁》

好学不倦

有时我们看到许多中年以上的朋友,学问事业成就了,往往自认为什么都对了。事实上如不再加努力,就要落伍被淘汰了。思想也好,学识也好,一切都要被时代所淘汰。假如有所成就,而始终好学不倦,这才叫学问,才不会被淘汰。我看到几位中年朋友,的确是值得佩服。家里藏书非常多。他们的年龄,都快到六十岁了,每天公事非常忙,夜间读书每每到两三点钟才睡。因此他们的学识、能力,不断在进步。所以这一点习惯一定要养成。

——《论语别裁》

年少得志未必果 ◀ 068

从历史上研究,全部二十五史,其中凡是少年得志的人,到了中年或晚年,都"其末之难矣"。最后结论是好的很少。所以年轻人,多经过一番挫折、一番磨炼、一番努力,到了中年上来,晚年成就比较多。这成就并不一定是官做得大,财发得多,而是在历史、在人生有所交代的成就。历史上的先生大人们都是如此,这就是与前期的困苦奋斗有关。

——《论语别裁》

每日求进步　　◀ 069

　　我们今天讲文化，必须博古通今，科学日新月异，每天不断地进步，我有些去国外留学的学生，都是我的老师，他们一看到资料，马上写信，或者打电话告诉我，所以我天天在进步，你们有些人好像天天在睡觉。

——《列子臆说》

博古通今

◀ 070

我们读了古书，再看到今天科学的发展，有智慧的中国人，应该更对古书深刻了解，可是我们反而认为自己的文化过时了。我们都是黄帝的子孙，太对不起祖宗，太笨了，书也没有读通，这是值得省思研究的。我这几句话，对不起，没有在骂人，只有四个字，"语重心长"。话讲得很严重，意思是提高我们自己民族的智慧与学养。要多注意，今古都要通，所以做学问只有四个字，不管你学医啊、学科技，就是要"博古通今"。知道古代，也知道现代，更知道将来，这才叫作学问。

——《小言黄帝内经与生命科学》

己卯仲春
世事多从忙里错
好人半自苦中来
南怀瑾
时年八二

东西方文化的
交流与融会

◀ 071

生在"前不见古人,后不见来者"的今天,我们将何以自处?我们虽失望,但不能绝望,因为要靠我们这一代,才能使古人长存,使来者继起。为了想挑起这承先启后的大梁,我们一方面要复兴东西方固有文化的精华,互相截长补短,作为今天的精神食粮;一方面更应谋东西方文化的交流与融会,以期消弭迫在眉睫的人类文化大劫。

——《中国文化泛言(增订本)》

温故而知新

温故而知新,现在要谈中西文化的融会贯通,虽然时移势易,加上现代科学工具的发达,但无论如何,也不是在短时期内,或一个世纪中便可望其成就的,所以我们生在这一时期的知识青年,对于当前中国文化的趋势,与自身所负国家民族历史文化的责任,更须有所警惕而加倍努力。

——《禅宗与道家》

认清方向
把稳船舵

自清末至今百余年间,西洋文化随武力而东来,激起我们文化政治上的一连串的变革,启发我们实验实践的欲望。科学一马当先,几乎有一种趋势,将使宗教与哲学,文学与艺术,都成为它的附庸。这乃是必然的现象。

我们的固有文化,在和西洋文化互相冲突后,由冲突而交流,由交流而互相融化,继之而来的一定是另一番照耀世界的新气象。目前的一切现象,乃是变化中的过程,而不是定局。但是在这股冲荡的急流中,我们既不应随波逐流,更不要畏惧趑趄。必须认清方向,把稳船舵。此时此地,应该各安本位,无论在边缘或在核心,只有勤慎明敏地各尽所能,做些整理介绍的工作。

——《楞严大义今释》

加上时间就有办法

现在我们把握一个原则,无论什么事情,你加上时间就有办法。所以你们年轻人不要着急,好像现在没有办法,只要加上时间,加个一二十年,你胡子长出来的时候,就有办法了。

——《孟子旁通》(下·离娄篇)

十分钟的效用

　　常常有些人说，年纪大了，要学什么东西没有时间。我就常拿他这个精神告诉人家，一天只用十分钟好了，一年、两年下来就不得了。实际上，我们回想起来，读书也好，学别的也好，很少用超过一天十分钟，连续三年加起来那么多的时间。如果真下这个工夫，无论哪一件事情，都会有成就。

　　任何人做事没有决心，没有恒心，都做不成。常听人说中国功夫，什么是功夫？我说，方法加上时间，加上实验，就等于功夫。有方法没有用时间练习，怎么会有功夫？任何一种功夫都要有恒。

——《论语别裁》

进道若退

"进道若退",学任何一样东西,做任何一件事情,进步到一个程度,成果快要出现的时候,你反而觉得是退步。比如说写毛笔字,开始写的三天,越看写得越有味道,越写越漂亮,自己也赞叹自己快要变成书法家了。到了第四天越写越难看,第五六天自己都不想练了,越看越不成样子。在这个时候,千万不要放弃,写的字虽然越看越难看,那正是你书法上的进步过程。

学拳也是一样,不管太极拳、少林拳,学了半月就想打人,觉得自己的武功天下第一,好像都可以飞檐走壁了。三个月后慢慢发懒了,半年以后,所学的通通丢光。所以,在进步以前就有这个现象,人情物理都是如此。

——《老子他说(初续合集)》

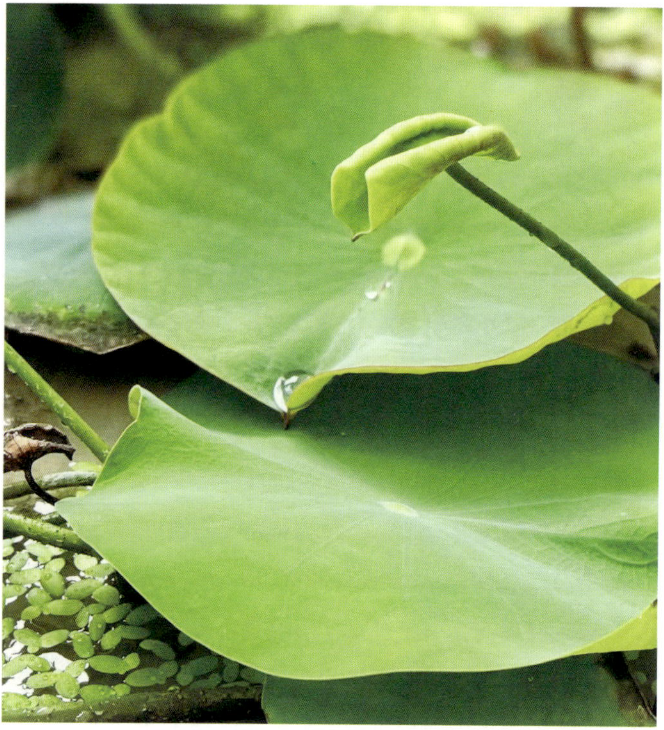

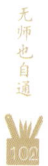

读书要入"藏"

昨天提出《礼记》里的《学记》,讲到一个字,"藏",注意哦!入藏。我当年读书都要背书,老规矩是这样的:父亲也好,老师也好,坐到我们前面,我们站着把书本盖起来就背了。父亲说:"嗯!背得很好,但你是硬记的,没有真的背来。"我很不服气,背得一个字都不差嘛!他说这样会忘记的。我说我没有错啊,父亲回我:"是没有背错,但没有入藏。"我听了这句话更不服气,也没有注意。后来因为学了佛学和科学才知道,藏下去、藏在里头叫作入藏,用思想是记忆,这是一个关于脑的问题,古人说用心的心,不是心脏,是要把思想沉下去。

——《廿一世纪初的前言后语》

读不懂怎么办

◂ 078

研究自己的文化，读古书，特别留意，有时候你不要多费脑筋的。我常常发现年轻人读书啊，"老师！这里看不懂"，你看下去就会懂了。道理在哪里？你往往读到后面就把上面问题解决了，因为在后面有注解嘛！

还有时候啊，读一本书有很多读不懂的地方，就摆着，改看小说；看了半天小说，刚才那本书上不懂的，一下都懂了。其实小说同那本书不相干，可见脑子的智慧，本来都有的，你拿别的东西刺激它一下，它那一面就灵光起来了。所以读书要活，不是硬记，记出来的不是学问，千万注意。

——《孟子旁通》（下·离娄篇）

玩索而有得

读书有一个经验,孔子讲研究《易经》"玩索而有得",用玩的啊!现在的教育我完全不赞成,把你们的脑袋从小给读死了。你看我现在还懂得国学,我们小时候一天到晚在玩,什么时间读书啊?我是晚上读书。

我的父亲晚上没有事了,一把摇椅坐在我后面,我只好读啊!像我读诗"尘世无繇识九还",我下面抽屉里面看《红楼梦》。他在摇椅上摇,我晓得他一停了,肚子一靠,"……识九还啊!……"轻松读出来的,也是"玩索而有得"。像你们这样死读书怎么行,都读死了。

——《漫谈中国文化》

看书不低头

◀ 080

人躺下去，全身放松，思想就灵光；低头沉思太久了，眼睛易成近视，思路愈加迟滞。

古人的教育，看书不低头，看书的姿势颇似关羽读《春秋》的绘像，人端坐，直腰，挺胸，头也是正直的。以书本就目，从不低头看书，更没有躺在床上歪着身子看书的姿势。看任何书都如此，写字也是如此，一定要"端容正坐"，不但是仪表风度的问题，更有其生理上维护健康的原因。千万不可如现在一般人，写起字来，纸一定要放得歪歪的，坐得也歪，身体如虾子，头又偏又斜又歪，扭曲得像一个被孩子弄坏了的洋娃娃。这也许就是现代的艺术化，可惜很不卫生。

——《孟子旁通》（下·离娄篇）

恭敬书本

081

打坐头要正,头不正会把脑下垂体气脉压住,看书也搞得肩膀疼痛,眼睛也近视了。所以我教你们青年人,读书绝不要低头。关老爷看兵书,一定把书拿到眼睛高度读,哪怕手累一点还是要这样读。读完了书合上放好,才休息睡觉,绝不会拿本书躺在床上,歪着眼睛去看,那还不变成斗鸡眼,戴上眼镜吗?!读书嘛,手要洗干净,所以你看我这个手帕,每个桌子上都有,我要读书以前一定擦手。不管什么书,书写出来都很不容易,所以值得尊敬,每本书读完了都保持干干净净。书带到厕所去,这个习惯很有问题,你们要注意一下,这也是代表文化的水准。

——《我说参同契》

书来看我
我不去看它

我从小的读书习惯是书来看我,我不去看它。把书摄进来,又容易记住,所以有时候并没有想那个句子,而是想那个书的影像,哪一句话在哪一行我都还会记得。你们呢,是自己到书上去,最后老花了。看电视看电影也要这样看,叫电影跑到我前面来。你们看电影又哭又笑,都无我了,你还看个什么电影!你上去演多好呢!生命就那么消耗了。所以道家所谓"旋曲以视听","旋曲"就是回转,回到自己这里,视听都要回转来,不要把精神散向外头去。这个口诀也叫你们练习练习,看东西不要眼睛盯住看;就是讲恋爱要看对方,也是反过来你来看我吧。

——《我说参同契》

诗词三百首
读熟不离口
平日当歌曲
学问自然有

老拙题

复归其明

"复归其明",这是真实的,把老子的这句话紧紧把握住,认真去做,近视眼的同学听我说《老子》也听了几个月,不能白听啊!这个方法不妨试试看。只有几个字"用其光",看东西尽量少像探照灯一样直射出去,要收回来物的形象,把一切光芒的影像吸收到自己的眼神经里去,慢慢你的视力、脑力、聪明、智慧会恢复过来,这样才会"复归其明"。

——《老子他说(初续合集)》

跳舞与背书

你们做老师的注意哦！我叫孩子们像唱歌一样背书，我还可以把它变成歌舞。有一次我在十方书院带领他们出家同学，临时灵感来了，我一边念《心经》一边跳舞，很轻松的，现在叫我跳我也跳不出来。《千字文》《三字经》都可以变成歌舞，我记得有两个人办学校，教学生《易经》，用跳舞教学生的，我很欣赏。

——《廿一世纪初的前言后语》

读书学会换脑筋

我看书是乱七八糟的。看对了连续不断地下去,久看又怕脑筋坏了,改看小说看电视。好的电影我现在不敢看,因为看起来就不睡觉,一路把它看完。看书也是这样,不喜欢中断,因此就要换脑筋回过来再看佛经,那个思想就进去了。这就叫"道通天地有形外,思入风云变化中",这是宋儒的句子,赶快拿起小说来看,这个脑筋就换过来休息了。

你研究科学时,脑神经太深入了,就拿个轻松的东西看一看,哈哈一笑,脑筋休息了,换过来了,这是我读书的方法。都是密宗哦!我把秘诀传给你们了。我的意思是要你们研究学问不要怕困难,所以思想不要专门在一个地方,就照我的办法,桌子上摆乱七八糟的,什么都有,都看。

——《小言黄帝内经与生命科学》

读史的一个简单办法

读历史有个简单的办法,有一部历史纲要,是古书,写到明朝为止,叫《纲鉴易知录》,至少这个你们要读的。也可以去读读《资治通鉴》,那是司马光写的,只写到宋朝以前,很重要。譬如我在台湾的时候,一般海军陆军空军的将领,大部分都听过我的课,来的这些"上将""部长"很多,我告诉他们读历史,读《资治通鉴》,分开来读。他们说,老师呀,我们都到了"少将""中将",还要读书呀?我说要读。怎么读啊?那么多历史……我说分开来读,你们组织四五十个人,一个人分一部分读,你读唐朝的,他读宋朝的,每个礼拜一个人报告,大家集体读书,三个月就读完了,只好这么办。像我们当年,都是自己读。

——《南怀瑾讲演录:2004—2006》

学与思

讲到学问,就需两件事,一是要学,一是要问。多向人家请教,多向人家学习,接受前人的经验,加以自己从经验中得来的,便是学问。但"学而不思则罔",有些人有学问,可是没有智慧的思想,那么就是迂阔疏远,变成了不切实际的"罔"了,没有用处。如此可以做学者,像我们一样,教书,吹吹牛,不但学术界如此,别的圈子也是一样,有学识,但没有真思想,这就是不切实际的"罔"了。

相反地,有些人"思而不学则殆"。他们有思想,有天才,但没有经过学问的踏实锻炼,那也是非常危险的。许多人往往倚仗天才而胡作非为,自己误以为那便是创作,结果陷于自害害人。

——《论语别裁》

多做"鄙事" ◂088

孔子十二岁成孤儿，就要管一家人的生活，所以人生各种经验都经历过，放牛、放马、放羊，收账、收税，他都干过。"鄙事"是最低贱的事，其实是最高的学问。所以这个人生啊，能够多做鄙事是一种好的磨炼。现在我常说，我们这一代在台湾长大的青年太享受了，理想很高，万事不会，米面怎么来的也几乎不知道了，这个是很危险的事，所以人生要多历练才行。

——《列子臆说》

君子不器

◀ 089

姜太公的坐骑，叫作四不象，既不像老虎，又不像狮子，什么都不像，又什么都像，麒、麟、狮、象、豹各自的长处它都有。这又是哲学的意味，象征一个人的修养学问，要想做到四不象那样高明，是最难的，只有姜太公做到了。这也就是孔子说的"君子不器"，做什么就是什么。

——《孟子旁通》（下·告子篇）